Subhashish Dey

APLICAÇÕES DA SUBSTITUIÇÃO PARCIAL DO AGREGADO FINO POR SERRADURA

Subhashish Dey

APLICAÇÕES DA SUBSTITUIÇÃO PARCIAL DO AGREGADO FINO POR SERRADURA

ESTUDO EXPERIMENTAL DAS PROPRIEDADES MECÂNICAS DO BETÃO COM SUBSTITUIÇÃO PARCIAL DO AGREGADO FINO POR SERRADURA

ScienciaScripts

Imprint

Cover image: www.ingimage.com

This book is a translation from the original published under ISBN 978-620-7-46322-0.

Publisher:
Sciencia Scripts
is a trademark of
Dodo Books Indian Ocean Ltd. and OmniScriptum S.R.L publishing group

120 High Road, East Finchley, London, N2 9ED, United Kingdom
Str. Armeneasca 28/1, office 1, Chisinau MD-2012, Republic of Moldova, Europe
Printed at: see last page
ISBN: 978-620-7-73188-6

RECONHECIMENTO

Manifestamos a nossa profunda gratidão à Faculdade de Engenharia de Seshadri Rao Gudlavalleru, Gudlavalleru, por ter dado orientações inspiradoras e instruções valiosas durante a realização deste trabalho de projeto. Sentimo-nos felizes por estender a nossa sincera gratidão ao **Dr. A. SREENIVASULU**, Diretor do Departamento de Engenharia Civil, pelo seu encorajamento durante todo o dia do projeto. As suas anotações e críticas estão na base da conclusão bem sucedida do projeto. Gostaríamos de aproveitar esta oportunidade para expressar o nosso profundo sentimento de gratidão ao nosso diretor, **Dr. G. V. S. N. R. Prasad,** por nos ter proporcionado todas as facilidades necessárias. Os nossos sinceros e sentidos agradecimentos ao **Dr. S.R.K. REDDY,** Professor no departamento de engenharia civil e Conselheiro da direção, por ter dado as suas valiosas sugestões que nos ajudaram muito a alargar o nosso projeto em grande medida. Os nossos sinceros e profundos agradecimentos ao pessoal técnico do laboratório de tecnologia do betão pela sua ajuda durante a programação experimental. Expressamos os nossos sinceros agradecimentos aos nossos pais e amigos que são a fonte constante de inspiração e encorajamento durante todo o trabalho. Finalmente, gostaríamos de agradecer a todos os que, direta ou indiretamente, nos ajudaram a tornar o projeto uma realidade.

RESUMO

O projeto descreve o papel da serradura na construção de edifícios e outras estruturas para eliminar a procura de areia natural, utilizando resíduos de madeira para substituir a utilização de areia natural. Hoje em dia, a utilização do betão tem aumentado muito. A areia está a ser utilizada como agregado fino no betão. A areia natural está a escassear e o seu custo a aumentar enormemente. O esgotamento da areia perto dos rios perturba o nível do leito, conduz a uma superfície irregular que, por sua vez, afecta o ambiente. É necessário pensar em materiais alternativos como os resíduos de madeira que podem ser utilizados para substituir a areia. Este estudo centra-se na investigação experimental da utilização de pó de serra como substituto parcial da areia nas propriedades da mistura de betão. A serradura também é conhecida como um subproduto ou resíduo das operações de trabalho da madeira, tais como serrar, fresar, planear, encaminhar, perfurar e lixar. O pó de serra é o material residual gerado pela indústria da madeira. Forma-se como pequenas aparas irregulares ou pequenos resíduos de madeira durante o corte de troncos de madeira em diferentes tamanhos. As dimensões do pó de serra dependem da variedade de dimensões dos dentes. Todos os anos, em todo o mundo, é gerada uma enorme quantidade de pó de serra, que é despejada em terrenos abertos e constitui uma ameaça para o ambiente. Os investigadores concordam que a serradura pode ser utilizada como fonte de energia ou como matéria-prima para o fabrico de painéis de partículas, painéis finos, etc. Atualmente, são utilizadas muitas tecnologias no domínio da tecnologia do betão que modificam as propriedades do betão. A serradura é um resíduo que, quando queimado, produz muitas emissões de carbono que poluem o ambiente. Se este resíduo for utilizado no betão, haverá menos emissões de dióxido de carbono no ambiente, uma vez que estamos a utilizar o material da serradura no betão. Nesta investigação, estudamos as propriedades físicas do material. Concebemos uma mistura de agregado fino de betão de grau M40 com substituição parcial de 0%, 5%, 10%, 15% e 20% por serradura. Os espécimes foram preparados para estudar as características de resistência, tais como resistência à compressão, resistência à tração por compressão e resistência à flexão. Os ensaios de resistência foram efectuados no estado endurecido. Cada conjunto é composto por 3 cubos, 3 cilindros e 3 vigas. Todos os espécimes foram curados e testados durante 7 dias e 28 dias.

ÍNDICE

NOTAÇÕES E ABREVIATURAS

G= Gravidade específica

f_{CK} = Resistência caraterística à compressão

F^1 = Resistência média alvo

$_{GK}$ = Gravidade específica do querosene IS= Norma indiana

W= Peso do material

W/C = Rácio água-cimento s = Desvio padrão

O.P. C= Cimento Portland normal

p= percentagem de água necessária para fazer uma pasta de cimento normalizada

CAPÍTULO 1
INTRODUÇÃO

GERAL

O betão é o principal material utilizado em vários tipos de construção, desde o pavimento de uma cabana a uma estrutura de vários andares, de um caminho a uma pista de aeroporto, de um túnel subterrâneo e de uma plataforma de alto mar a chaminés de arranha-céus e torres de televisão. É o material de construção mais utilizado. É difícil apontar outro material de construção que seja tão versátil como o betão. O betão é um dos materiais heterogéneos mais versáteis que a engenharia civil alguma vez conheceu. Com o advento do betão, a engenharia civil atingiu o ponto mais alto da tecnologia. O betão é um material com o qual se pode moldar qualquer forma e com uma resistência igual ou superior à das pedras de construção convencionais. É o material de eleição quando se exige resistência, desempenho, durabilidade, permeabilidade, resistência ao fogo e resistência à abrasão.

O betão de cimento é um dos materiais aparentemente simples, mas na realidade complexo. As propriedades do betão dependem principalmente dos constituintes utilizados no fabrico do betão. Os principais materiais utilizados no fabrico do betão são o cimento, a areia, a pedra britada e a água. Embora o fabricante garanta a qualidade do cimento, é difícil produzir um betão à prova de falhas. Isto deve-se ao facto de o material de construção ser o betão e não apenas o cimento. As propriedades da areia, da pedra britada e da água, se não forem utilizadas conforme especificado, causam problemas consideráveis no betão.

OBJECTIVO DO PRESENTE ESTUDO

O objetivo do nosso projeto é estudar as propriedades mecânicas da mistura de betão do tipo M40, com uma substituição parcial do agregado fino por pó de serra

OBJECTIVOS DO TRABALHO

Os principais objectivos do presente inquérito são os seguintes

- Estudar as propriedades mecânicas dos materiais utilizados neste trabalho.
- Substituição óptima de pó de serra em agregado fino.
- Preparar betão leve com pó de serra com vantagens quase iguais às do betão convencional.
- Preparar o betão económico.
- Eliminação correcta dos resíduos (pó de serra).

ÂMBITO DO TRABALHO

O principal objetivo da presente investigação experimental é estudar as propriedades mecânicas do betão com pó de serra como substituição parcial do agregado fino. O objetivo final é encontrar a proporção óptima da mistura que também satisfaça os parâmetros de resistência. Na presente investigação, o agregado fino é parcialmente substituído por pó de serra em múltiplos de 0%, 5%, 10%, 15%, 20%, até se obter o valor ótimo.

- Cura interna devido à água absorvida no pó de serra.
- Melhor dissipação de calor e propriedade de isolamento térmico.
- Eficiente em termos de acústica.
- A falta de disponibilidade de agregados finos pode ser compensada

PÓ DE SERRA

- A serradura (ou pó de madeira) é um subproduto ou resíduo das operações de trabalho da madeira, tais como serrar, lixar, fresar, planear e fresar.
- É composto por pequenas aparas de madeira. Estas operações podem ser efectuadas com máquinas de trabalhar madeira, ferramentas eléctricas portáteis ou com ferramentas manuais.
- A serradura é peneirada a 4,75 mm.

VANTAGENS:

- É muito económico
- A retração do betão com pó de serra é muito reduzida
- A utilização de pó de serra proporciona uma boa trabalhabilidade, durabilidade e acabamento.
- A utilização de pó de serra é amiga do ambiente.

CAPÍTULO 2

REVISÃO DA LITERATURA

2.1 INTRODUÇÃO

Uma revisão da literatura é um relatório avaliativo da informação encontrada na literatura relacionada com a área de estudo selecionada. A revisão deve descrever, resumir, avaliar e clarificar essa literatura. Deve fornecer uma base teórica para a investigação e ajudá-lo (o autor) a determinar a natureza da sua investigação. Os trabalhos irrelevantes devem ser descartados e os que são periféricos devem ser analisados de forma crítica.

Uma revisão da literatura é mais do que a procura de informação. Todos os trabalhos incluídos na revisão devem ser lidos, avaliados e analisados, mas também devem ser identificadas e articuladas as relações entre as literaturas, em relação ao seu domínio de investigação.

2.2. REVISÕES

R. Chitra, S. Thendral, A. Arunya e Dr. S. J. Mohan[1] apresentaram um artigo sobre **"**Substituição parcial de agregado fino por pó de serra**"**. Este artigo representa os resultados da investigação levada a cabo a partir da utilização de pó de serra como substituição parcial do agregado fino no betão. O pó de serra é um material residual obtido a partir de madeiras ou resultante da fresagem de máquinas. Neste caso, o agregado fino foi substituído por pó de serra em 0%, 5%, 10%, 15% em peso para a mistura M-20. Os resultados obtidos foram 15% de substituição óptima para a resistência à compressão.

Olugbenga Joseph Oyedepo[2] apresentou uma revista sobre **"Investigação das propriedades do betão utilizando serradura como substituição parcial da areia".** A proporção de mistura de betão de 1:2:4 foi preparada utilizando água/cimento de 0,65 com 0%, 25%, 50%, 75% e 100% de serradura como substituição parcial da areia fina. O coeficiente de uniformidade e o coeficiente de curvatura da areia utilizada neste estudo foi de 1,049 e 1,324, respetivamente, o que mostra que a areia é uma areia bem graduada, uma vez que não excede o intervalo de 1 e 3 para; e o máximo de 6 para especificado pela norma britânica. O valor de esmagamento do agregado (ACV) obtido é 43,75, o que está dentro do valor especificado de 45, conforme especificado pela norma britânica (BS 812-110 1992). No entanto, foram obtidos valores de 40 mm, 9 mm e 5 mm, respetivamente, para a trabalhabilidade com 0%, 25% e 50% de adição de serradura como substituição parcial da areia, enquanto que 14,15 N/mm2, 12,96 N/mm2 e 11,93 N/mm2 foram obtidos para a resistência à compressão com 25%, 75% e 00% de serradura como substituição parcial. Os valores de resistência à compressão obtidos não estão em conformidade com o requisito mínimo de 17 N/mm2 para betão leve. A utilização de serradura numa proporção superior a 25% de substituição da areia é, no entanto, prejudicial para as propriedades de resistência e densidade do betão.

Rafat Siddique[3] apresentou uma revista sobre "Utilização de pó de serra tratado em betão como substituição parcial da areia natural". A extração de materiais naturais, como a areia, em grande escala, para utilização na construção de infra-estruturas em países em desenvolvimento como a Índia, está a constituir uma ameaça para o ambiente. O pó de serra que passa pelo peneiro de 4,75 mm foi tratado com água e silicato de sódio durante 24 horas antes de ser utilizado no betão. A areia natural foi substituída por 5, 10, 15 e 20% de pó de serra tratado com água na mistura de betão. O efeito da sílica de fumo nas propriedades do betão contendo 5% de pó de serra tratado com água foi também estudado através da substituição de 4, 8 e 12% de cimento por sílica de fumo no betão. Observou-se que o betão feito com 5% de água ou silicato de sódio tratado com pó de serra apresentava uma resistência à compressão comparável à do betão de controlo. No entanto, para um nível de substituição de 10%, a resistência à compressão e a resistência à tração diminuíram 30,30% e 32,19%, respetivamente, aos 28 ***dias. A*** carga ***total*** passada, a penetração de água e a absorção de água capilar aumentaram 224%, 153% e 117,4%, respetivamente, com a utilização de 10% de pó de serra tratado. Como esperado, os resultados mostraram uma diminuição considerável da densidade do betão com a utilização de pó de serra em substituição da areia.

Abubakar Nade Abdullahi, Mahmud Abubakar e Abayomi Afolayan[4] apresentaram uma revista sobre "Substituição parcial de areia por serradura na produção de betão". O aumento dos custos da construção civil nos países em desenvolvimento tem sido uma fonte de preocupação para os promotores governamentais e privados. Este estudo investigou a utilização de serradura como substituto parcial de agregados finos na produção de betão. A serradura foi utilizada para substituir os agregados finos de 0% a 50%, em escalões de 10%. Foram moldados cubos de betão com 150 x 150 x 150 mm e as suas resistências à compressão foram avaliadas aos 7, 14, 21 e 28 dias. O aumento da percentagem de serradura nos cubos de betão levou a uma redução correspondente nos valores da resistência à compressão. A partir dos resultados, o teor ótimo de serradura foi obtido a 10% e a sua resistência à compressão correspondente aos 28 dias é de 7,41 N/mm^2, o que se enquadra na resistência caraterística do betão simples (7 - 10 N/mm^2).

Akshay Sawant1, Arun Sharma1, Rishikesh Rahate1[5] apresentaram uma revista sobre "Substituição parcial de areia por serradura em betão**".** No nosso projeto, utilizamos o pó de serra como material residual para a substituição parcial da areia no betão, a fim de modificar as suas propriedades. Nas misturas de betão, a areia foi substituída em 5%, 10%, 15%, 20% e 25% em peso e os efeitos da substituição no betão foram observados. A utilização de pó de serra no betão permite a eliminação de resíduos (pó de serra) e torna o betão leve. Betão, cubos de 150 x 150 x 150 mm, vigas de 550 x 100 x 100 mm e cilindros de 15 cm de diâmetro e 30 cm de altura

foram moldados e a sua resistência à compressão, à flexão e à tração foi avaliada, respetivamente, após 7, 14 e 28 dias.

Olugbenga Joseph Oyedepo * Seun Daniel Oluwajana Sunmbo Peter Akande[6] apresentou uma revista sobre "Investigação das propriedades do betão utilizando serradura como substituto parcial da areia". Estudaram a substituição do agregado fino por serradura. Substituíram a serradura em várias percentagens 0%, 25%, 50%, 75% e 100%. Concluíram que 25% de serradura apresenta uma resistência elevada. **Fapohunda, C., Akinbile, B., & Oyelade**[7] apresentaram uma revista sobre "Revisão das propriedades, características estruturais e potencialidades de aplicação do betão contendo resíduos de madeira como substituição parcial de um dos seus materiais constituintes". Estudaram a substituição do agregado fino por serradura. Substituíram a serradura em várias percentagens 0%, 5%, 10%, 15%. Concluíram que 20% de serradura apresenta uma resistência elevada. **A. C. Ezeagu1 e O. J. Agbo-Anike2**[8] apresentaram uma revista sobre "Experimental Investigation Using Design Expert Software for Light Weight Concrete Production with Sawdust as Partial Replacement for Fine Aggregate". estudaram a substituição do agregado fino por serradura. substituíram a serradura em várias percentagens de 0% a 7,5%. Efectuaram ensaios de resistência à compressão e de absorção de água. Concluíram que a resistência do betão de serradura diminui com o aumento da proporção de serradura

Mohammed, B. S., Abdullahi, M., & Hoong, C. K[9] apresentaram uma revista sobre "Modelos estatísticos para betão contendo aparas de madeira como substituição parcial do agregado fino". Estudaram a substituição do agregado fino por serradura. Substituíram a serradura em várias percentagens 0%, 10%, 15%, 20% e 30%. Concluíram que 15% de serradura apresenta uma resistência elevada.

Tiwari, A., Singh, S., & Nagar, R10 apresentaram uma revista sobre "Feasibility assessment for partial replacement of fine aggregate to attain cleaner production perspective in concrete" (Avaliação da viabilidade da substituição parcial de agregados finos para obter uma perspetiva de produção mais limpa em betão). Concluíram que 15% de serradura apresenta uma elevada resistência

CAPÍTULO 3
PROGRAMA EXPERIMENTAL

GERAL

Este capítulo trata dos pormenores do programa experimental realizado. Neste programa experimental, o primeiro passo é a seleção d a s matérias-primas. O betão é uma composição de três matérias-primas: cimento, agregado fino e agregado grosso. Estas três matérias-primas desempenham um papel importante no fabrico do betão. São preparadas várias pistas convencionais e as proporções de mistura para o grau M 40 são seleccionadas através da alteração de diferentes rácios água-cimento e teor de água. Ao variar as propriedades e a quantidade destas matérias-primas, as propriedades do betão serão alteradas. O programa experimental foi planeado para estudar e melhorar as propriedades do betão, como a trabalhabilidade e a resistência, utilizando pó de serra. O programa experimental foi realizado em cubos, cilindros e vigas. Os detalhes dos materiais utilizados para estes espécimes e o procedimento de ensaio incorporado no programa de ensaio são apresentados nas secções seguintes.

DESCRIÇÃO DOS MATERIAIS

Os materiais utilizados na preparação do betão são: - Cimento

Agregados

1. Agregado fino, ou seja, areia natural 2. Agregado grosso

3. Pó de serra

As propriedades e especificações dos vários materiais utilizados na preparação dos provetes de ensaio são as seguintes.

Cimento

O cimento é o principal ingrediente no fabrico do betão. O cimento pode ser definido como um material de ligação que tem propriedades coesivas e adesivas que o tornam capaz de se unir a diferentes materiais de construção para formar um material compactado. O cimento é fresco e tem uma cor uniforme, consistência e está isento de grumos e matérias estranhas. As características como a resistência e a ligação serão grandemente afectadas pela alteração do teor de cimento. O cimento utilizado para o trabalho experimental é o cimento Portland normal (OPC), de acordo com a norma IS: 12269-2013. O cimento utilizado neste trabalho experimental é da marca

Ultratech 53grade. Os ensaios ao cimento são efectuados de acordo com a norma IS: 4031-1988. Os resultados dos ensaios do cimento são apresentados na Tabela 3.4. A Fig. 3.1 mostra o cimento utilizado na presente investigação experimental. A quantidade necessária para este trabalho de investigação é estimada e toda a quantidade é comprada e armazenada corretamente no armazém de fundição.

QUADRO 3.1 Composição química do cimento

LIME (CAO)	60 a 67%
SÍLICA (SIO_2)	17 a 25%
ALUMINA (AL_2O_3)	3 a 8%
ÓXIDO DE FERRO (Fe_2O_3)	0,5 a 6%
MAGNÉSIA (MGO)	0,1 a 4%
TRIÓXIDO DE ENXOFRE (SO_3)	1 a 3%
SODA E/OU POTÁSSIO (NA_2O+k_2O)	0,5 a 1,3%

Figura 3. 1 Cimento

Agregados

As propriedades dos agregados influenciam grandemente o comportamento do betão, uma vez que ocupam cerca de 80% do volume total do betão. Os agregados são classificados como

i. Agregado fino
ii. Agregado grosso

Agregado fino:

Os agregados de tamanho entre 0,075 mm e 4,75 mm são geralmente considerados como agregados finos. As partículas de areia estão isentas de argila ou materiais inorgânicos e são duras e resistentes. A areia foi armazenada num espaço aberto, livre de poeira e água.

O agregado fino também ajuda a pasta de cimento a manter as partículas de agregado grosso em suspensão. De acordo com a norma 383:1970, o agregado fino está a ser classificado em quatro zonas diferentes, ou seja, zona I, zona II, zona III e zona IV.

Tabela 3.2 Tamanhos do agregado fino de acordo com a norma is 383:1970

Designação do peneiro IS	Percentagem de passes para			
	Zona de classificação I	Zona de classificação-II	Zona de classificação-III	Zona de classificação-IV
10 mm	100	100	100	100
4,75 mm	90-100	90-100	90-100	95-100
2,36 mm	60-95	75-100	85-100	95-100
1,18 mm	30-70	55-90	75-100	90-100
600 microns	15-34	35-59	60-79	80-100
300 microns	5-20	8-30	12-40	15-50
150 microns	0-10	0-10	0-10	0-15

É também designada por areia natural. Neste trabalho, foi utilizada uma areia natural de boa qualidade. A areia é uma areia média e corresponde à Zona-II de acordo com as especificações padrão.

Figura 3.2. Agregado fino (areia)

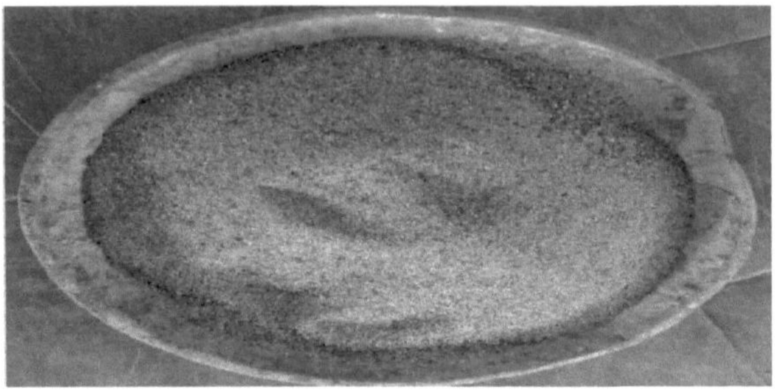

Agregado grosso:

Para este estudo, são utilizados agregados grosseiros naturais (NCA). Os agregados de dimensão superior a 4,75 mm são geralmente considerados como agregados grosseiros. O tamanho máximo do agregado grosso utilizado neste trabalho experimental é de 20 mm. Um agregado grosso de boa qualidade é obtido na unidade de trituração mais próxima e são efectuados vários ensaios ao agregado grosso de acordo com a IS 2386-1963 (parte 3) e a IS 383-1970.

Figura 3.3 Agregado grosso

Tabela 3. 3 Tamanhos do agregado grosso de acordo com a norma is 383:1970

classe e dimensão	Designação do peneiro IS	percentagem de aprovação
muito grande, 150 a 80 mm	160mm 80mm	0
grande, 80 a 40 mm	80mm 40mm	0
médio ,40 a 20mm	40 mm 20m	0
pequeno, 20 a 4,75 mm	20 mm 4,75mm 2,36m	90 a 100 0 a 10 0 a 2

Água:

Neste estudo, é utilizada água portátil de acordo com a norma IS: 456-2007. A água utilizada para o estudo estava isenta de ácidos, matéria orgânica, sólidos em suspensão, álcalis e impurezas que, quando presentes, podem ter um efeito adverso na resistência do betão. A qualidade da água é importante porque os contaminantes podem afetar negativamente a resistência do betão e provocar a corrosão das armaduras de aço. A água utilizada para a produção e cura do betão deve ser razoavelmente limpa e isenta de substâncias nocivas, tais como óleos, ácidos, álcalis, sal, açúcar, sedimentos, matéria orgânica e outros elementos prejudiciais ao betão ou ao aço. Se a água for potável, é considerada adequada para a produção de betão. Assim, neste estudo, foi utilizada água da torneira potável para a mistura e a cura.

Vi dust:

A serradura utilizada neste estudo foi recolhida numa serração em Pedana. Foi varrida do chão e seca ao ar antes de ser utilizada. A serradura foi depois peneirada com uma peneira de 4,75 mm para imitar o tamanho real da areia sem alterar as suas propriedades. Estas espécies são facilmente encontradas em Pedana e, por conseguinte, a fonte está facilmente disponível. Os testes das propriedades físicas da serradura foram efectuados no laboratório. Esta serradura tem uma gravidade específica de 0,91.

Figura 3.4 Pó de serra

PROPRIEDADES DOS MATERIAIS

Foram efectuados vários ensaios com as matérias-primas para obter as propriedades físicas. Os resultados pormenorizados dos ensaios são apresentados a seguir.

ENSAIOS EM CIMENTO:

Gravidade específica do cimento

A gravidade específica é um dos factores mais importantes na conceção da mistura. O projeto da mistura só pode ser feito depois de se conhecerem as gravidades específicas de cada constituinte. Para calcular a gravidade específica do cimento, é utilizado o método do balão de Le-chatlier. Neste método, o cimento é testado com querosene. O procedimento de ensaio é o seguinte e a gravidade específica do cimento ensaiado é

1. O primeiro peso vazio do frasco é registado como W1.
2. Em seguida, enche-se o balão com cimento até um terço e regista-se o peso como W2.
3. Em seguida, enche-se a parte restante do frasco com querosene e anota-se o peso como W3.
4. Em seguida, todo o material é retirado e enchido apenas com querosene e o peso é registado como W4.
5. Agora, a gravidade específica do cimento é calculada utilizando a fórmula:

$$\frac{(W2-W1)}{(W2-W1)-(W3-W4)} \quad \mathbf{*0.78}$$

Sendo 0,78 o peso específico do querosene

Teste de consistência standard

O ensaio de consistência normal é efectuado de acordo com a norma IS 4031 (parte 4) - 1988. O principal objetivo da realização do ensaio de consistência normal é determinar a quantidade de água a adicionar para produzir uma pasta de cimento de consistência normal. O aparelho Vicat é geralmente utilizado para este ensaio e está em conformidade com a norma IS 5513 - 1976. Para determinar o tempo de presa inicial, o tempo de presa final, a solidez e a resistência, deve ser utilizado um parâmetro denominado consistência normal. A consistência padrão de uma pasta de cimento é definida como a consistência que permite que um êmbolo vicat com 10 mm de diâmetro e 50 mm de comprimento penetre a uma profundidade de 33 a 35 mm a partir do topo do molde. O aparelho é designado por êmbolo de Vicat. Este aparelho é utilizado para determinar a percentagem de água necessária para produzir uma pasta de cimento de consistência normalizada. A consistência padrão da pasta de cimento é também designada por consistência normal. Nesta fase, é pertinente descrever o procedimento de realização do ensaio de consistência normal. O seguinte procedimento é adotado para determinar a consistência normal.

1. Pegue em cerca de 500 gramas de cimento e prepare uma pasta com uma quantidade ponderada de água (digamos 24% em peso de cimento).
2. A pasta deve ser preparada de forma normalizada e introduzida no molde vicat num prazo de 3 a 5 minutos.
3. Depois de encher completamente o molde, agitar o molde para expulsar o ar.
4. Um êmbolo normalizado, com 10 mm de diâmetro e 50 mm de comprimento, é fixado e baixado para tocar a superfície da pasta no bloco de ensaio e rapidamente libertado, permitindo-lhe afundar-se na pasta pelo seu próprio peso. Determinar a profundidade de penetração.
5. Do mesmo modo, efetuar os ensaios com uma relação água/cimento cada vez mais elevada até que o êmbolo penetre a uma profundidade de 33 a 35 mm a partir do topo.
6. Essa quantidade específica de água permite que o êmbolo penetre apenas a uma profundidade de 33 a 35 mm a partir do topo.
7. Esta percentagem é normalmente designada por "P".

Finura do Cement:

A finura do cimento tem uma influência importante na taxa de hidratação e, por conseguinte, na taxa de ganho de resistência e também na taxa de evolução do calor. O cimento mais fino oferece uma maior área de superfície para a hidratação e, por conseguinte, um desenvolvimento mais rápido da resistência. Os diferentes cimentos são moídos com diferentes finuras. A finura do cimento é testada de duas formas. Uma é o ensaio de peneiração e a outra é o ensaio de permeabilidade ao ar. No presente trabalho, a finura do cimento é calculada pelo método de peneiração.

O procedimento de ensaio é o seguinte:

1. Pesar corretamente 100 gramas de cimento e passá-lo por um peneiro normalizado IS n.º 9 (90 microns). 9 (90 microns).
2. Desfazer com os dedos os grumos de ar presentes na amostra.
3. Peneirar continuamente a amostra com movimentos horizontais e verticais durante 15 minutos.
4. Pesar o resíduo que ficou na peneira.
5. O peso não deve exceder 10% para o cimento Portland normal.

Tempo inicial e final de presa:

Foi feita uma divisão arbitrária para o tempo de presa do cimento como tempo de presa inicial e final. É difícil traçar uma linha rígida entre estas duas divisões arbitrárias. Por conveniência, o tempo de presa inicial é considerado como o tempo decorrido entre o momento em que a água é adicionada ao cimento, até ao momento em que a pasta começa a perder a sua plasticidade e atinge firmeza suficiente para resistir a uma determinada pressão definida. Este ensaio está de acordo com a norma IS 4031 Parte 5. Neste ensaio utilizamos o aparelho de Vicat.

O procedimento para efetuar a regulação inicial do tempo é o seguinte:

1. Baixar a agulha suavemente e pô-la em contacto com a superfície do bloco de ensaio e soltá-la rapidamente.
2. Deixar penetrar no bloco de ensaio
3. No início, a agulha mergulha atravessa completamente o bloco de teste.
4. Mas, passado algum tempo, quando a pasta começa a perder a sua plasticidade, a agulha pode penetrar apenas a uma profundidade de 33 a 35 mm a partir do topo.
5. O tempo decorrido entre o momento em que a água é adicionada ao cimento e o momento em que a agulha penetra no bloco de ensaio a uma profundidade de 33-35 mm a partir do topo é considerado como tempo de presa inicial.

O procedimento para efetuar o tempo de fixação final é o seguinte:

1. Substituir a agulha do aparelho vicat por um acessório circular.
2. Considera-se que o cimento está finalmente endurecido quando, ao baixar o acessório para

cobrir suavemente a superfície do bloco de ensaio, a agulha central faz uma impressão, enquanto o bordo de corte circular do acessório não o faz.

3. O tempo necessário para a presa final é registado como tempo de presa final.
PROPRIEDADES FÍSICAS DO CIMENTO PORTLAND DE GRAU 53

Tabela 3.4 Resultados dos ensaios em cimento

S.n.	Dados do ensaio	Resultados dos testes	Requisitos de acordo com os códigos IS
1	Consistência padrão	30%	IS 4031-1988 (Parte 4)
2	Finura	3	IS 4031-1988 (Parte 4)
3	Gravidade específica	3.12	IS 4031-1988 (Parte 4)
4	(a)Tempo de regulação inicial	40	Asper12269-201330 min. Mínimo
	(b)Tempo de presa final	380	De acordo com a norma 12269-2013 600 min. Máximo

ENSAIOS EM AGREGADO FINO :

Os ensaios do agregado estão em conformidade com as especificações da norma IS 383. Os relatórios de ensaio pormenorizados são apresentados no quadro seguinte.

Análise granulométrica de agregados finos:

O procedimento adotado para a realização da análise granulométrica é o seguinte

Um ensaio de gradação é realizado numa amostra de agregado num laboratório. Uma análise de peneira típica envolve uma coluna aninhada de peneiras com tela de malha de arame (ecrã).

1. Uma amostra representativa e pesada é vertida no peneiro superior, que tem as maiores aberturas de peneira. Cada peneiro inferior da coluna tem aberturas mais pequenas do que o anterior. Na base encontra-se um recipiente redondo, designado por recetor.
2. A coluna é normalmente colocada num agitador mecânico. O agitador agita a coluna, normalmente durante um determinado período de tempo.
3. Depois de terminada a agitação, pesa-se o material em cada peneira.
4. O peso da amostra de cada peneira é então dividido pelo peso total para obter uma percentagem retida em cada peneira.
5. O tamanho da partícula média em cada peneira é então analisado para obter um ponto de corte ou um intervalo de tamanho específico, que é então capturado num ecrã.
6. Os resultados deste ensaio são fornecidos sob a forma de gráficos para identificar o tipo de gradação do agregado.

Areia natural:

A análise granulométrica é útil para determinar a distribuição granulométrica da graduação do agregado fino. Está em conformidade com as normas IS 2386 - 1963 parte 1 e IS 383 - 1970.

Tabela 3.5. Limites de classificação do agregado fino na análise granulométrica (De acordo com a IS 383 - 1970) Observações e cálculos:

S.n.	Percentagem de aprovação			
	Zona I	Zona II	Zona III	Zona IV
10 mm	100	100	100	100
4,75 mm	90 - 100	90 - 100	90 - 100	95 - 100
2,36 mm	60 - 95	75 - 100	85 - 100	95 - 100
1,18 mm	30 - 70	50 - 90	75 - 100	90 - 100
600 µ	15 - 34	35 - 59	60 - 79	80 - 100
300 µ	**3.3.3** - 20	8 - 30	12 - 40	15 - 50
150 µ	0 - 10	0 - 10	0 - 10	0 - 15

Quadro 3. 6. Análise granulométrica do agregado fino

S.n.	Tamanho do crivo	Peso retido (gm)	Peso acumulado retido (gm)	Acumulado % Peso retido	% de aprovação
1	4,75 mm	0	0	0	100
2	2,36 mm	15	1.5	1.5	98.5
3	1,18 mm	20	12	3.5	96.5
4	600 μ	21.5	60.5	25	75
5	300 μ	63.5	24.5	88.5	11.5
6	150 μ	10.5	1.5	99	1
7	PAN	10	1	100	0
Total			100	317.5	

Módulo de finura da areia = (% acumulada total de peso retido)/100

= 317.5/100

= 3.17

A areia com um módulo de finura superior a 3,2 não é adequada para a produção de betão

Quadro 3.7 Limites do módulo de finura do agregado fino

	Gama	A areia pertence a
Módulo de finura	2.2-2.6	Areia fina
	2.6-2.9	Areia média
	2.9-3.2	Areia grossa

Gravidade específica do agregado fino

A gravidade específica é a principal propriedade do agregado. A gravidade específica é calculada pelo método cilíndrico (Garrafa de Picnómetro). Este ensaio é efectuado de acordo com a norma IS: 383- 1970. O procedimento para determinar a gravidade específica do agregado fino é o seguinte:

□ Agora, a gravidade específica do cimento é calculada através da fórmula:

$$\frac{(W2 - W1)}{(W2 - W1) - (W3 - W4)}$$

Tabela 3.8. Densidade específica da areia natural

S.n.	Observação	Peso
1	Peso da garrafa vazia (W1)	410
2	Peso da garrafa com agregado (W2)	745
3	Peso da garrafa + agregado + água (W3)	1790
4	Peso da garrafa só com água (W4)	1590
	Gravidade específica da areia	2.63

Resumo dos resultados dos ensaios do agregado fino:

Os seguintes ensaios são efectuados numa areia de acordo com a IS 2386- 1986 (parte 3) e a IS 383 - 1970.

Tabela 3.9. Resultados dos ensaios em agregado fino

S.n.	Teste	Areia natural	sitos de acordo com os códigos IS
1	Análise granulométrica	Zona II	IS 383-1970
2	Módulo de finura	3.17	IS 2386- 1986 (parte 3)
3	Gravidade específica	2.63	IS 383 - 1970

ENSAIOS EM SERRA POEIRA

A serradura é obtida a partir da madeira. O pó de serra é constituído por aparas de várias madeiras de folhosas. Foi seco ao sol e guardado em sacos impermeáveis. A serradura é peneirada através de uma peneira de 1,18 mm

Propriedades químicas:

N.º Sr.	Componentes	Percentagem (em peso)
1.	SiO2	87
2.	Al2O3	2.5
3.	Fe2O3	2.0
4.	MgO	0.24
5.	CaO	3.75
6.	Perda de ignição (LOI)	4.76

Propriedades físicas:

S.n.	Percentagem de aprovação			
	Zona I	Zona II	Zona III	Zona IV
10 mm	100	100	100	100
4,75 mm	90 - 100	90 - 100	90 - 100	95 - 100
2,36 mm	60 - 95	75 - 100	85 - 100	95 - 100
1,18 mm	30 - 70	50 - 90	75 - 100	90 - 100
600 μ	15 - 34	35 - 59	60 - 79	80 - 100
300 μ	5 - 20	8 - 30	12 - 40	15 - 50
150 μ	0 - 10	0 - 10	0 - 10	0 - 15

I. Gravidade específica da serradura

O teste foi efectuado com um frasco de densidade. A gravidade específica calculada da serradura é de 2,45.

II. Absorção de água da serradura

A percentagem de absorção de água calculada é de 1,5%.

III. Módulo de finura

O módulo de finura calculado para a serradura é de 2,11.

ENSAIOS SOBRE AGREGADOS GROSSEIROS: (De acordo com IS 383 - 1970 e IS 2386 PARTE-3)

A dimensão máxima do agregado grosso utilizado neste processo é de 20 mm. Os relatórios de ensaio são tabelados da seguinte forma

Análise granulométrica de agregados grosseiros (Is 2386 Parte-3)

A análise granulométrica é útil para determinar a distribuição do tamanho das partículas da gradação do agregado fino. Está em conformidade com a norma IS 2386 - 1963 parte 3

Limites de classificação do agregado grosso (de acordo com IS 383 - 1970, Cláusula 4.1 e 4.2)

Tabela 3.10. Limites de classificação do agregado grosso

Peneira IS	percentagem de aprovação para o agregado grosso (%)			
	20 mm	16 mm	12,5 mm	10 mm
40 mm	100	-	-	
20 mm	85-100	100	-	-
16 mm	-	85-100	100	-
12,5 mm	-	-	85-100	-
10 mm	0-20	0-30	0-45	85-100
4,75 mm	0-5	0-5	0-10	0-20
2,36 mm	-	-	-	0-5

Tabela 3.11. Análise granulométrica do agregado grosso

S.n.	Tamanho do crivo	Peso retido (gm)	Peso acumulado retido	% acumulada de peso retido	% de aprovação
1	80	0	0	0	100
2	40	0	0	0	100
3	20	645	64.5	64.5	31.5
4	10	355	35.5	100	0
5	4.75	0	0	100	0
6	0.36	0	0	100	0
7	0.18	0	0	100	0
8	600	0	0	100	0
9	300	0	0	100	0
10	150	0	0	100	0
Total				764.5	

Módulo de finura da areia = (% acumulada total em peso retida)/100

= 764.5/100 = 7.64

Gravidade específica do agregado grosso (IS 2386 Parte-3)

A gravidade específica é a principal propriedade do agregado grosso. A gravidade específica é calculada pelo método Cilíndrico (Frasco Picnómetro).

Gravidade específica (G) = (W2 - W1) / [(W2 - W1) - (W3 - W4)]

Tabela 3.12. Gravidade específica do agregado grosso

S.n.	Observações	Peso (kg)
1	Peso da garrafa vazia (W1)	420
2	Peso da garrafa com agregado (W2)	895
3	Peso da garrafa + agregado + água (W3)	1510
4	Peso da garrafa só com água (W4)	1210
Gravidade específica do agregado grosso		2.74

Resumo dos resultados dos testes:

Os seguintes ensaios são efectuados num agregado grosseiro de acordo com as normas IS 2386- 1986 (parte 3) e IS 383 - 1970.

Tabela 3.13. Resultados dos ensaios sobre o agregado grosso

Imóveis	Resultado	Requisitos de acordo com os códigos IS
Gravidade específica	2.74	IS 383 - 1970
Finura	7.64	
Módulo		IS 2386- 1986 (parte 3)

CAPÍTULO 4

CONCEPÇÃO DE MISTURAS

INTRODUÇÃO

O processo de seleção dos ingredientes adequados do betão e de determinação das suas quantidades relativas com o objetivo de produzir um betão com a resistência, a durabilidade e a trabalhabilidade exigidas, tão economicamente quanto possível, é designado por conceção da mistura de betão. A dosagem dos ingredientes do betão é regida pelo desempenho exigido do betão em dois estados, nomeadamente o estado plástico e o estado endurecido. Se o betão plástico não for trabalhável, não pode ser corretamente colocado e compactado. Por conseguinte, a propriedade de trabalhabilidade assume uma importância vital.

A resistência à compressão do betão endurecido, que é geralmente considerada como um índice das suas outras propriedades, depende de muitos factores, por exemplo, a qualidade e a quantidade de cimento, água e agregados; a dosagem e a mistura; a colocação, a compactação e a cura. O custo do betão é composto pelo custo dos materiais, das instalações e da mão de obra. As variações no custo dos materiais resultam do facto de o custo do agregado fino ser aumentado, pelo que o objetivo é produzir uma mistura tão magra quanto possível.

Do ponto de vista técnico, as misturas ricas podem conduzir a uma retração e fissuração elevadas no betão estrutural e à evolução de um elevado calor de hidratação no betão maciço, o que pode causar fissuração. O custo real do betão está relacionado com o custo dos materiais necessários para produzir uma resistência média mínima, denominada resistência caraterística, que é especificada pelo projetista da estrutura. Isto depende das medidas de controlo de qualidade, mas não há dúvida de que o controlo de qualidade aumenta o custo do betão. A extensão do controlo de qualidade é frequentemente um compromisso económico e depende da dimensão e do tipo de trabalho. O custo da mão de obra depende da trabalhabilidade da mistura. Por exemplo, uma mistura de betão de trabalhabilidade inadequada pode resultar num custo elevado de mão de obra para obter um grau de compactação com o equipamento disponível.

REQUISITOS DE CONCEPÇÃO DA MISTURA DE BETÃO

Os requisitos que constituem a base da seleção e dosagem dos ingredientes da mistura são

□ A resistência mínima à compressão exigida por considerações estruturais.

- A trabalhabilidade adequada necessária para uma compactação completa com o equipamento de compactação disponível.
- Relação água-cimento máxima e/ou teor máximo de cimento para proporcionar uma durabilidade adequada às condições específicas do local.
- Teor máximo de cimento para evitar a fissuração por retração devido ao ciclo de temperatura no betão em massa.

TIPOS DE MISTURAS

Nominal misturas

No passado, as especificações para o betão prescreviam as proporções de cimento, agregados finos e grossos. Estas misturas com uma relação cimento-agregado fixa que assegura uma resistência adequada são designadas por misturas nominais. Estas oferecem simplicidade e, em circunstâncias normais, têm uma margem de resistência acima da especificada. No entanto, devido à variabilidade dos ingredientes da mistura, o betão nominal para uma determinada trabalhabilidade varia muito em termos de resistência.

Misturas padrão

As misturas nominais de rácio fixo de cimento-agregado (por volume) variam muito em termos de resistência e podem resultar em misturas sub ou sobre-ricas. Por esta razão, a resistência mínima à compressão foi incluída em muitas especificações. Estas misturas são designadas por misturas normalizadas. A norma IS 456-2000 designou as misturas de betão em vários graus como M10, M15, M20, M25, M30, M35 e M40. Nesta designação, a letra M refere-se à mistura e o número à resistência ao cubo especificada para 28 dias da mistura em N/mm^2. As misturas das classes M10, M15, M20 e M25 correspondem aproximadamente às proporções de mistura (1:3:6), (1:2:4), (1:1.5:3) e (1:1:2) respetivamente

Concebido para misturas

Nestas misturas, o desempenho do betão é especificado pelo projetista, mas as proporções da mistura são determinadas pelo produtor de betão, exceto no que se refere ao teor mínimo de cimento. Esta é a abordagem mais racional para a seleção das proporções da mistura, tendo em conta materiais específicos que possuem características mais ou menos únicas. A abordagem resulta na produção de betão com as propriedades adequadas de forma mais económica. No entanto, a mistura projectada não serve de guia, uma vez que não garante as proporções correctas da mistura para o desempenho prescrito. Para o betão com um desempenho pouco exigente, as misturas nominais ou normalizadas (prescritas nos códigos por quantidades de ingredientes secos por metro cúbico e por abatimento) podem ser utilizadas apenas para trabalhos muito pequenos, quando a resistência do betão aos 28 dias não excede 30 N/mm^2 . Não é necessário efetuar qualquer ensaio de controlo, sendo a confiança depositada nas massas dos ingredientes.

FACTORES QUE AFECTAM A MISTURA PROPORÇÕES

Resistência à compressão

É uma das propriedades mais importantes do betão e influencia muitas outras propriedades descritíveis do betão endurecido. A resistência média à compressão necessária numa idade específica, normalmente 28 dias, determina a relação nominal água-cimento da mistura. O outro fator que afecta a resistência do betão a uma determinada idade e curado a uma temperatura prescrita é o grau de compactação. De acordo com a lei de Abraham, a resistência do betão totalmente compactado é inversamente proporcional à relação água-cimento.

Trabalhabilidade

- O grau de trabalhabilidade depende de 3 factores.
- Estas são as dimensões da secção a betonar.
- A quantidade de reforço.
- O método de compactação a utilizar.

Durabilidade

A durabilidade do betão é a sua resistência às condições ambientais agressivas. O betão de alta resistência é geralmente mais durável do que o betão de baixa resistência. Nas situações em que a alta resistência não é necessária, mas as condições de exposição são tais que a alta durabilidade é vital, o requisito de durabilidade determinará a relação água-cimento a ser utilizada.

Dimensão nominal máxima do agregado

Em geral, quanto maior for a dimensão máxima do agregado, menor será a necessidade de cimento para uma determinada relação água-cimento, porque a trabalhabilidade do betão aumenta com o aumento da dimensão máxima do agregado. No entanto, a resistência à compressão tende a aumentar com a diminuição do tamanho do agregado. A IS 456:2000 e a

IS 1343:1980 recomendam que a dimensão nominal do agregado deve ser tão grande quanto possível.

Classificação e tipo de agregado

A classificação do agregado influencia as proporções da mistura para uma trabalhabilidade e uma relação água-cimento especificadas. Quanto mais grossa for a classificação, mais magra será a mistura que pode ser utilizada. Uma mistura muito magra não é desejável, uma vez que não contém material mais fino suficiente para tornar o betão coeso. O tipo de agregado influencia fortemente a relação agregado-cimento para a trabalhabilidade desejada e a relação água-cimento estipulada. Uma caraterística importante de um agregado satisfatório é a uniformidade da classificação que pode ser conseguida através da mistura de diferentes fracções de tamanho.

Qualidade controlo

O grau de controlo pode ser estimado estatisticamente pelas variações nos resultados dos ensaios. A variação da resistência resulta das variações das propriedades dos ingredientes da mistura e da falta de controlo da precisão na dosagem, mistura, colocação, cura e ensaio. Quanto menor for a diferença entre as resistências média e mínima da mistura, menor será o teor de cimento necessário. O fator que controla esta diferença é designado por controlo de qualidade.

CONCEPÇÃO DA PROPORÇÃO DA MISTURA

O método comum de expressar as proporções dos ingredientes de uma mistura de betão é em termos de partes ou rácios de cimento, agregados finos e grossos. Por exemplo, uma mistura de betão com proporções 1:2:4 significa que o cimento, o agregado fino e o agregado grosso estão na proporção 1:2:4 ou que a mistura contém uma parte de cimento, duas partes de agregado fino e quatro partes de agregado grosso. As proporções são em volume ou em massa. A relação água-cimento é normalmente expressa em massa.

FACTORES A TER EM CONTA NA CONCEPÇÃO DA MISTURA

1. A designação do grau indica a exigência de resistência caraterística do betão.
2. O tipo de cimento influencia a taxa de desenvolvimento da resistência à compressão do betão.
3. A dimensão nominal máxima dos agregados a utilizar no betão pode ser tão grande

quanto possível dentro dos limites prescritos pela IS 456:2000.

4. O teor de cimento deve ser limitado pela retração, fissuração e fluência.

5. A trabalhabilidade do betão para uma colocação e compactação satisfatórias está relacionada com a dimensão e a forma da secção, a quantidade e o espaçamento das armaduras e a técnica utilizada para o transporte, a colocação e a compactação.

PROCEDIMENTO

O gabinete de normas indiano recomendou um conjunto de procedimentos para a conceção de misturas de betão, principalmente com base no trabalho realizado em laboratórios nacionais. Os procedimentos de conceção de misturas são abrangidos pela norma IS: 10262-2009, podendo estes métodos ser aplicados tanto ao betão de resistência média como ao betão de resistência elevada. As seguintes misturas são concebidas com base no método recomendado pela norma indiana de conceção de misturas de betão IS:10262- 2009.

DESENHO MIX

CONCEPÇÃO DA MISTURA PARA O GRAU M40 DE ACORDO COM A NORMA IS 10262:2019

(a) DISPOSIÇÕES RELATIVAS A DOSAGEM

- Designação do grau : M 40
- Tipo de cimento : OPC 53grade
- Dimensão nominal máxima do agregado : 20 mm
- Teor mínimo de cimento : 320 kg/m^3
- Relação água-cimento máxima : 0,5
- Trabalhabilidade : 25mm (slump)
- Tipo de agregado : Agregado angular
- Teor máximo de cimento : 450kg/m^3

(b) DADOS DE ENSAIO PARA MATERIAIS

- Cimento utilizado : OPC 53grade

- Gravidade específica do cimento : 3.12
- Gravidade específica de

1. Agregado grosso : 2,74
2. Agregado fino : 2,63

- Absorção de água
- Agregado grosso : 0,5 por cento
- Agregado fino : 1,0 por cento
- Humidade livre à superfície
- Agregado grosso : NIL
- Agregado fino : NIL
- Análise granulométricaI) Agregado grosso (Zona-II)

II) Agregados finos (Zona-II)

1. Resistência alvo para a proporção da mistura:

F^1 ck = fck + 1,65*s

Onde, F^1 ck = Resistência à compressão média pretendida aos 28 dias fck= Resistência à compressão caraterística aos 28 dias

s= Desvio padrão Da tabela 2 (IS 10262-2019) Desvio padrão,

s = 5 N/mm^2

F^1 ck = 40 + 1,65 (5)

= 48,25 N/mm^2

∴ Resistência alvo = 48,25 N/mm^2

2. Rácio água-cimento:

- Do quadro 5 (cláusulas 6.1.2, 8.2.4.1 e 9.1.2) IS-456:2000,
- Rácio água-cimento máximo 0,5
- Adotar uma relação água-cimento de 0,45
- 0,45 < 0,5, portanto, tudo bem

3. Teor de água:

- Do Quadro - 4, (Cláusulas 5.3) IS 10262:2019
- Teor de água estimado para um abatimento de 25-50 mm = 186 litros
- Para um abatimento de 100 mm, o teor de água = 186 + 6*186 / 100

= 197 lit.

4. Cálculo do teor de cimento:

- Teor de cimento = teor de água / rácio água-cimento

= 197 / 0.45

= 438 kg/m^3

Teor máximo de cimento para condições de exposição severas = 450 kg/m^3 (IS-456, Tabela 5)

- 438 < 450 kg/m^3 , pelo que não há problema.

5. Proporção agregada entre C.A. e F.A.

- Do Quadro - 5, (Cláusulas 5.5) IS 10262:2019
- Volume de agregado grosso = 0,62 + 0,01+0,01

= 0.64

- Volume de agregado fino = 1 - 0.64

= 0.36

6. Cálculo da mistura:

a) Volume de betão= 1 m^3

b) Volume de cimento= [(Massa do conteúdo de cimento / Gravidade Espacial do cimento) * /1000)]

= [(438 / 3.12) * (1 /1000)]

= 0.14 m^3

c) Volume de água = [(Massa da água / Gravidade da água) * (1 / 1000)]

= [(197 / 1) * (1 / 1000)]

$= 0.197\ m^3$

d) Volume de todos os agregados

= [(a - b) - (c + d)]

= [(1-0.01) - (0.14 + 0.197)]

$= 0.653\ m^3$

e) Mass of Coarse Aggregate

= Volume of all in aggregate * Volume of C.A * Specific Gravity of C.A * 1000

e)

= 0.653 * 0.64 * 2.74 * 1000

$= 1145\ kg / m^3$

f) Massa de agregado fino = Volume de todo o agregado * Volume de F.A * Gravidade específica de F.A * 1000

= 0.653 * 0.36 * 2.63 * 1000

$= 618\ kg / m^3$

RESUMO:

- Cimento - $438\ kg / m^3$
- Agregado fino- $618\ Kg / m^3$
- Agregado grosso - $1114\ kg / m^3$
- Água - 197 litros
- Rácio água - cimento - 0,45

QUADRO 4.1 Proporções da razão de mistura

Cimento	Agregado fino	Agregado grosso	Teor de água\relação água-cimento
$438kg/m^3$	$618kg/m^3$	$1145kg/m^3$	197lit
1	1.41	2.61	0.45

CAPÍTULO 5
MOLDAGEM E CURA DE ESPÉCIMES

GERAL

Depois de completar a proporção da mistura de materiais, a betonagem é feita para representar as características. São moldados vários tipos de provetes de betão, ou seja, cubos e cilindros. Os tipos de espécimes são Cubos e Cilindros. Os moldes de ferro fundido são limpos e é aplicada massa lubrificante em todos os lados antes de o betão ser vertido nos moldes. Os moldes são colocados numa plataforma nivelada. O betão bem misturado é enchido nos moldes. O excesso de betão é removido com uma espátula e a superfície superior é alisada de acordo com a norma IS 516-1969.

FUNDIÇÃO PROCEDIMENTO

Preparação de moldes

Os moldes para a moldagem de cubos e cilindros de betão devem ser cuidadosamente preparados antes da moldagem. Todos os moldes devem ser corretamente montados. A superfície dos moldes deve ser oleada para facilitar a remoção dos provetes.

Cálculo de materiais

Os materiais necessários são calculados para a fundição. Os materiais devem estar secos e bem classificados.

Mistura de betão

Os materiais preparados são misturados uniformemente para moldar os cubos.

Figura.5.1 Mistura do betão

Medição das propriedades no estado fresco do betão

Antes de verter o betão nos moldes, é necessário observar as propriedades do betão fresco através do ensaio de trabalhabilidade.

Fundição Cubos

Colocar o betão nos moldes com uma espátula. A betonagem deve ser feita em camadas de 5 cm cada. Para cada camada, é necessária uma compactação adequada com uma barra de compactação de 25 golpes. Depois de compactar a camada superior, os moldes são vibrados na mesa vibratória para uma melhor mistura e ligação.

Desmoldagem

Os espécimes devem ser removidos após o endurecimento adequado do betão. Os espécimes são novamente moldados e processados para cura.

Fundição de cubos

Para cada trilho, foram moldados 3 espécimes de cubo para calcular as resistências de 7 dias e 28 dias. As dimensões do provete para o cubo são de 150mm x 150mm x 150mm

Fundição de cilindros e vigas

Para cada trilho, foram moldados 3 cilindros e vigas para calcular as resistências aos 7 dias e aos 28 dias. As dimensões do provete cilíndrico são de

- Altura = 300 mm
- Diâmetro = 150mm
- As dimensões das vigas são de 500 mm x 100 mm x 100 mm.

Cura de espécimes

Os espécimes são deixados nos moldes sem serem perturbados à temperatura ambiente durante cerca de 24 horas após a fundição. Os espécimes são então retirados dos moldes e imediatamente transferidos para o tanque de cura, ou seja, os cubos são curados em água doce. A cura é o processo mais importante na betonagem. A resistência do betão aumenta com o tempo de cura. Os espécimes devem ser mantidos no tanque de cura para melhorar a sua resistência. Geralmente, a cura é efectuada através de tanques de cura com água. A água utilizada para a cura do betão deve estar isenta de salinidade, resíduos, vegetação e produtos químicos.

É necessário mudar a água a cada 7 dias de cura. Os espécimes são testados para 7 dias e 28 dias de cura.

Figura. 5.2 Cura dos provetes de ensaio

CAPÍTULO 6
ENSAIO DE AMOSTRAS DE BETÃO

GERAL

O cálculo das propriedades frescas e endurecidas é o principal critério nos ensaios de betão. Os espécimes bem curados no tanque de cura são testados para compressão e tração dividida. Ao retirar os espécimes do tanque de cura, os espécimes foram expostos à luz solar para secagem superficial. Após o processo de secagem, os espécimes são processados para ensaio. Os espécimes são testados durante 7 dias e 28 dias, respetivamente. Neste capítulo, os procedimentos de ensaio e as formulações são discutidos e apresentados da seguinte forma.

FRESCO PROPRIEDADES

As propriedades do betão no estado fresco são observadas no momento da betonagem. Para medir as propriedades no estado fresco do betão, os ensaios de trabalhabilidade são muito importantes. Se o betão tiver uma boa trabalhabilidade, apresentará melhores propriedades durante a sua vida útil. Antes de verter o betão nos moldes, é necessário verificar a trabalhabilidade através do método do cone de abatimento.

Cone de abatimento método

O ensaio de abatimento é o método mais utilizado para medir a consistência do betão quer em laboratório quer no local de trabalho. O aparelho para efetuar o ensaio de abatimento consiste essencialmente num molde metálico em forma de cone com as dimensões internas indicadas a seguir:

- Diâmetro do fundo: 20 cm
- Diâmetro superior: 10 m
- Altura: 30 m

A espessura da chapa metálica para o molde não deve ser inferior a 1,6 mm. Para calcetar o betão, utiliza-se uma vareta de aço de 16 mm de diâmetro e 0,6 m com uma bala. O molde é colocado numa superfície lisa, horizontal, rígida e não absorvente. O molde é então preenchido em quatro camadas, cada uma com aproximadamente 1/4 da altura do molde. Cada camada é calcada 25 vezes com a vareta de calcar, tendo o cuidado de distribuir as pancadas uniformemente pela secção transversal. Utilizando a vara de calcar ou uma espátula, retira-se o excesso de betão acima do cone de abatimento. O molde é imediatamente retirado do betão, levantando-o lenta e cuidadosamente na direção vertical. Isto permite que o betão se afunde. Este afundamento é referido como abatimento do betão. A diferença entre a altura real e a altura do cone formado dará o valor do abatimento. A diferença de altura é considerada como abatimento do betão. Para o presente trabalho, foram efectuados ensaios de abatimento de acordo com a norma IS: 1199 -1959 para todas as misturas.

Figura 6.1 Disposição dos cones de abatimento

Figura 6.2 Ensaio de abatimento

MECÂNICA PROPRIEDADES

As propriedades mecânicas do betão estão principalmente relacionadas com o cálculo da sua resistência. O cálculo das propriedades mecânicas inclui o ensaio do betão quanto ao seu desempenho em termos de resistência à compressão e resistência à tração por compressão. É mantido um calendário para o ensaio dos espécimes, de modo a garantir que estes são devidamente ensaiados na data e hora previstas. Os espécimes moldados são ensaiados de acordo com procedimentos normalizados, imediatamente após terem sido retirados dos tanques ou cubas de cura e limpos da água superficial, de acordo com a norma IS: 516-1959.

RESISTÊNCIA À COMPRESSÃO

A resistência à compressão ou resistência ao esmagamento é a principal propriedade observada no ensaio dos cubos. Os cubos de 150*150*150mm foram moldados. Após 24 horas, os espécimes são retirados dos moldes e sujeitos a cura durante 7 dias e 28 dias em água portátil. Após a cura, os espécimes são testados quanto à resistência à compressão utilizando uma máquina de testes de compressão com capacidade de 2000 KN (IS: 516 - 1959). Os cubos são testados para calcular a resistência à compressão, aplicando uma carga gradual na máquina de ensaio de compressão. A carga máxima na rotura ocorre na parte superior da máquina.

A resistência à compressão foi calculada pela fórmula Resistência à compressão = carga de compressão final/área da secção transversal

= P/A

= carga/área N/mm^2

Figura 6.3 Máquina de ensaio de compressão

RESISTÊNCIA À TRACÇÃO DE PLIT

A resistência à tração por compressão é a propriedade mais importante do betão. O betão é geralmente fraco em tensão. Assim, para melhorar o comportamento à tração do betão, a resistência à tração por compressão é importante. A resistência à tração do betão é necessária para determinar a carga à qual os elementos de betão podem fissurar. Também é importante para reduzir a formação de fissuras no betão. São moldados cilindros para calcular a resistência à tração por compressão. Os espécimes cilíndricos são testados numa máquina de ensaio universal. Neste caso, o cilindro é dividido em duas partes e a leitura é efectuada na parte superior da máquina.

A resistência à tração por arrancamento foi calculada pela fórmula Resistência à tração por arrancamento = 2P / ΠdI

P = carga de rotura (carga aplicada)

L = altura do provete cilíndrico D = diâmetro do molde

Figura 6.4 Máquina de ensaio de tração dividida

RESISTÊNCIA À FLEXÃO

O módulo de rutura é definido como a tensão de tração normal no betão, quando ocorre fissuração no ensaio de flexão (IS 516-1599). Esta tensão de tração é a resistência à flexão do betão e é calculada através da utilização da fórmula, que assume que a secção é homogénea.

$$Fb = pl/bd^2$$

Onde,

- F-Módulo dc rutura N/mm
- b = Largura medida em m
- d =Profundidade medida em mm.
- 1 =Comprimento do vão em mm
- P = Carga máxima em KN aplicada ao provete

A carga simétrica de dois pontos cria uma zona de flexão pura com momento fletor constante no terço médio do vão e, assim, o módulo de rutura obtido não é afetado pelo cisalhamento, como no caso de uma única carga concentrada a atuar no provete. O provete de betão é um prisma de secção transversal 100 mm 100 mm e 500 mm de comprimento. É carregado num vão de 400 mm. Em cada período de cura desejado, os provetes foram retirados da água e mantidos para secagem superficial. Os espécimes foram testados na máquina de ensaio de flexão, organizando o sistema de carga pontual. Cada espécime é cuidadosamente colocado em posição. A carga é aplicada sem choque e a taxa de aumento da carga é mantida. A carga máxima aplicada no espécime é registada no ponto de rutura do espécime e a resistência à flexão é calculada.

Figura 6.5 Máquinas de ensaio de flexão

CAPÍTULO 7
RESULTADOS

GERAL

O agregado fino é parcialmente substituído por pó de serra, com uma variação de 5%, 10%, 15% e 20%, adicionado ao peso do cimento. A resistência à compressão dos espécimes de cubo aos 7 e 28 dias, a resistência à tração dos cilindros aos 7 e 28 dias e a resistência à flexão dos espécimes de viga aos 7 e 28 dias são anotadas abaixo.

CAPACIDADE DE TRABALHO

A propriedade do betão que determina a quantidade de trabalho interno útil necessário para produzir uma compactação completa é conhecida como trabalhabilidade. A trabalhabilidade é um dos parâmetros físicos do betão que afecta a resistência e a durabilidade, bem como o custo da mão de obra e o aspeto do produto acabado. Diz-se que o betão é trabalhável quando é facilmente colocado e compactado de forma homogénea, ou seja, sem sangramento ou segregação. O betão não trabalhável necessita de mais trabalho ou esforço para ser compactado no local, podendo também ser visíveis favos de mel ou bolsas no betão acabado. A trabalhabilidade do betão fresco depende principalmente do material, da proporção da mistura e das condições ambientais.

Factores que afectam a trabalhabilidade

1. Método e duração do transporte.
2. Quantidade e características dos materiais.
3. Classificação, forma e textura superficial dos agregados.
4. Quantidade e características dos aditivos químicos.
5. Quantidade de água

Tabela 7.1: Trabalhabilidade do betão em termos de valor de abatimento

S. Não	Séries de testes	(Deslizamento em mm)
1	Betão normal	110
2	Substituição da serradura (5%)	109
3	Substituição da serradura (10%)	107
4	Substituição da serradura (15%)	104
5	Substituição da serradura (20%)	101

Gráfico 7.1: Trabalhabilidade do betão em função do valor do abatimento

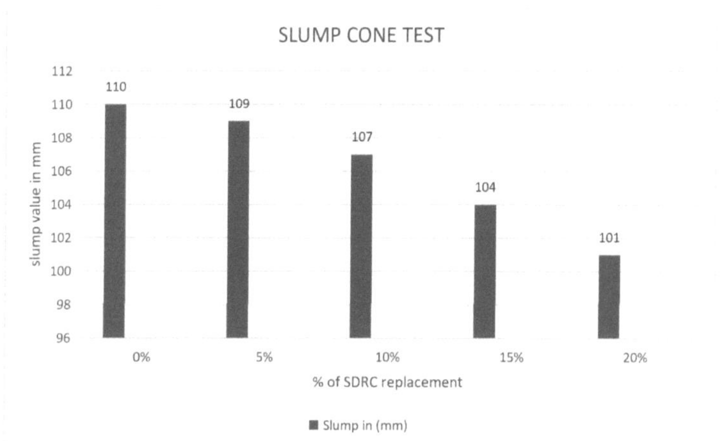

RESISTÊNCIA À COMPRESSÃO RESULTADOS

Os resultados do ensaio de resistência à compressão do cubo nas várias idades, como 7 e 28 dias, foram efectuados. O agregado fino foi parcialmente substituído por pó de serra numa proporção óptima de 10%. Para o ensaio de compressão de cubos de betão, foram utilizados cubos de 150 mm x 150 mm x 150 mm. Todos os cubos foram testados em condições saturadas, depois de eliminada a humidade da superfície. Os cubos foram ensaiados aos 28 dias de cura utilizando uma máquina de ensaio de compressão. O carregamento foi continuado até que as leituras fossem invertidas em relação aos valores incrementais. A inversão do valor da leitura indica que o espécime falhou. A máquina foi parada e a leitura nesse instante foi anotada, que era a carga final. A carga final dividida pela área da secção transversal do provete é igual à resistência à compressão do cubo final.

Figura 7.1 Ensaio de resistência à compressão

MISTURA CONVENCIONAL

Tabela 7.2 Resultados da mistura convencional

S.n.	0%	7 dias (N/mm)^2	28 dias (N/mm)^2
1.	TENSÃO DE COMPRESSÃO	30.06	48.36

VARIAÇÃO DA RESISTÊNCIA À COMPRESSÃO AOS 7 DIAS E 28 DIAS DO AGREGADO FINO COM SUBSTITUIÇÃO PARCIAL DE PÓ DE SERRA

Tabela 7.3 Resultados da resistência à compressão

S.n.	**% de PÓ DE SERRA**	**7 dias (N/mm)^2**	**28 dias (N/mm)^2**
1	5	32.26	48.55
2.	10	34.95	49.23
3.	15	26.74	37.39
4.	20	24.21	34.72

Gráfico 7.2 Resistência à compressão

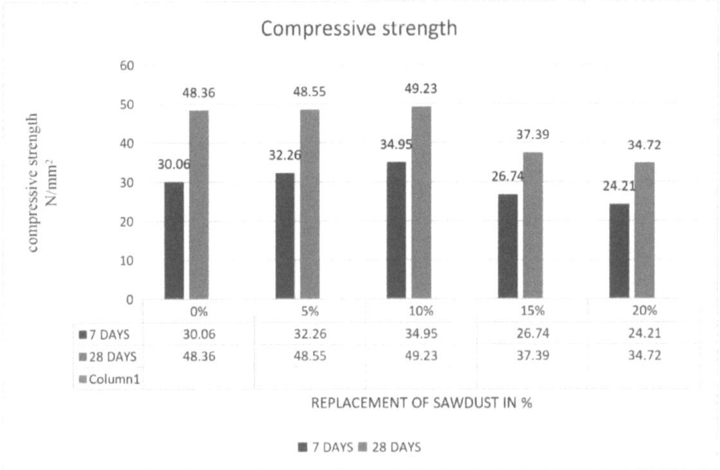

Compressive strength

compressive strength N/mm²

	0%	5%	10%	15%	20%
7 DAYS	30.06	32.26	34.95	26.74	24.21
28 DAYS	48.36	48.55	49.23	37.39	34.72
Column1					

REPLACEMENT OF SAWDUST IN %

■ 7 DAYS ■ 28 DAYS

RESISTÊNCIA À TRACÇÃO POR COMPRESSÃO RESULTADOS

Os cilindros de dimensão normalizada com 150 mm de diâmetro e 300 mm de altura foram colocados na UTM com capacidade para 200 toneladas, com o diâmetro na horizontal. No topo e na base foram colocadas duas tiras de madeira para evitar o esmagamento do provete de betão nos pontos de contacto entre a superfície de apoio da máquina de ensaios de compressão e o provete cilíndrico. A carga máxima foi registada. Os cilindros foram ensaiados aos 7 e 28 dias de cura utilizando uma máquina de ensaio de compressão. A carga foi continuada até que as leituras fossem invertidas em relação aos valores incrementais. A inversão do valor da leitura indica que o provete falhou.

A máquina foi parada e a leitura nesse instante foi registada como a carga final.

Os resultados da resistência à tração por compressão obtidos após a cura de 7 dias e 28 dias são apresentados na tabela que representa a resistência à tração por compressão com substituição de 5%, 10%, 15%, 20% de pó de serra.

Figura 7.2 Ensaio de resistência à tração por compressão

MISTURA CONVENCIONAL:

Tabela 7.4 Resultados da mistura convencional

S.n.	0%	7 dias $(N/mm)^2$	28 dias $(N/mm)^2$
1.	RESISTÊNCIA À TRACÇÃO POR RUPTURA	2.21	3.12

VARIAÇÃO DA RESISTÊNCIA À TRACÇÃO POR COMPRESSÃO AOS 7 DIAS E 28 DIAS SUBSTITUIÇÃO PARCIAL DO AGREGADO FINO POR PÓ DE SERRA

Tabela 7.5 Resultados da resistência à tração por compressão

S.n.	rcentagem de pó de serra adicionado	7 dias (N/mm)^2	28 dias (N/mm)^2
1.	5	2.29	3.28
2.	10	2.34	3.35
3.	15	1.87	2.84
4.	20	1.39	2.19

Gráfico 7.3 Resistência à tração por compressão

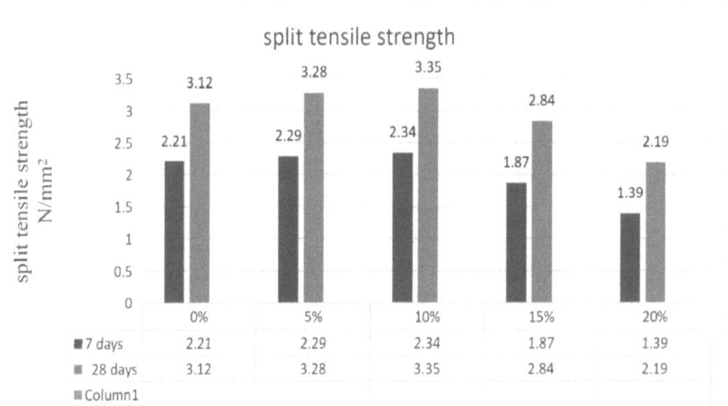

RESISTÊNCIA À FLEXÃO RESULTADOS

O molde de aço com as dimensões de 500x100x100 é bem apertado e bem oleado. Após 7 e 28 dias de cura, os provetes são colocados numa máquina de ensaio de flexão com um máximo de 100 KN e é aplicada uma taxa de carga constante de 40 kg/m2 por minuto no provete de ensaio, colocando o provete de tal forma que a carga pontual deve ser colocada a uma distância de 13,3 cm de ambas as extremidades. A carga máxima à qual o provete prismático falha é anotada a partir da leitura do medidor com mostrador. Os resultados da resistência à tração por compressão obtidos após a cura de 7 dias e 28 dias são apresentados na tabela que representa a resistência à tração por compressão com substituição de 5%, 10%, 15%, 20% de pó de serra.

Figura 7.3: Ensaio de resistência à flexão

MISTURA CONVENCIONAL:

Tabela 7.6 Resultados da mistura convencional

S.n.	**0%**	**7 dias (N/mm)²**	**28 dias (N/mm)²**
1.	RESISTÊNCIA À FLEXÃO	3.08	4.22

VARIAÇÃO DA RESISTÊNCIA À FLEXÃO AOS 7 DIAS E 28 DIAS SUBSTITUIÇÃO PARCIAL DO AGREGADO FINO POR PÓ DE SERRA

Tabela 7.7 Resultados da resistência à flexão

S.n.	agem de pó de serra adicionado	7 dias (N/mm)^2	28 dias (N/mm)^2
1	5	3.15	4.31
2	10	3.24	4.47
3	15	2.13	3.72
4	20	1.905	3.15

Gráfico 7.4 Resistência à flexão

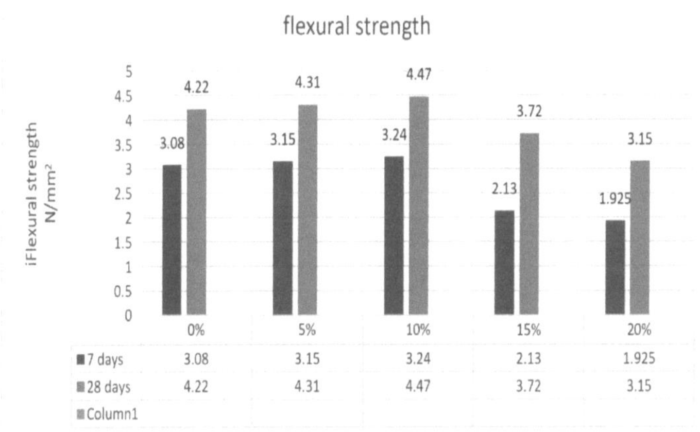

CAPÍTULO 8
CONCLUSÕES

No presente estudo, foi feito um esforço para compreender experimentalmente a viabilidade da utilização de serradura como substituição parcial da areia no betão e para analisar e comparar os resultados obtidos com as propriedades do betão convencional. Com base nas actuais investigações experimentais, foram tiradas as seguintes conclusões Observou-se que, ao aumentar a percentagem de substituição da serradura, a trabalhabilidade, a resistência à compressão, a resistência à tração por compressão e a resistência à flexão do betão diminuem após 10%, possivelmente devido à maior capacidade de retenção de humidade da serradura, tal como mencionado em diferentes literaturas. Com base nas discussões acima, foi decidido considerar 10% de substituição parcial como um valor ótimo. Após as discussões acima, pode concluir-se que a utilização de serradura em betão como substituição parcial de agregado fino proporciona benefícios ambientais e técnicos adicionais para todas as indústrias relacionadas com a construção

MARGEM PARA MAIS TRABALHO

Com base nas conclusões a que se chegou, são feitas as seguintes recomendações para trabalhos futuros. A investigação será efectuada com percentagens variáveis e diferentes graus de conceção da mistura.

REFERÊNCIAS: -

1. Chitra, R., Thendral, S., Arunya, A., & Mohan, S. J. (2019). Estudo Experimental sobre a Resistência do Concreto por Substituição Parcial de Agregado Fino com Pó de Serra. *Tecnologia*, *10*(3), 535-538.
2. Oyedepo, O. J., Oluwajana, S. D., & Akande, S. P. (2014). Investigação das propriedades do concreto usando serragem como substituição parcial da areia. *Investigação Civil e Ambiental*, *6*(2), 35-42.
3. Siddique, R., Singh, M., Mehta, S., & Belarbi, R. (2020). Utilização de pó de serra tratado em betão como substituição parcial de areia natural. *Journal of Cleaner Production*, *261*, 121226.
4. Abdullahi, A., Abubakar, M., & Afolayan, A. (2013). Substituição parcial de areia por serradura na produção de betão. Actas da 3ª Conferência Bienal de Engenharia, Escola de Engenharia e Tecnologia de Engenharia, Universidade Federal de Tecnologia de Minna.
5. Sawant, A., Sharma, A., Rahate, R., Mayekar, N., & Ghadge, M. D. (2018). Substituição parcial de areia por serragem em concreto. *Revista Internacional de Investigação em Engenharia e Tecnologia*, *5*, 3098-3101.
6. Oyedepo, O. J., Oluwajana, S. D., & Akande, S. P. (2014). Investigação das propriedades do concreto usando serragem como substituição parcial da areia. *Investigação Civil e Ambiental*, *6*(2), 35-42.
7. Fapohunda, C., Akinbile, B., & Oyelade, A. (2018). Uma revisão das propriedades, características estruturais e potencialidades de aplicação do betão contendo resíduos de madeira como substituição parcial de um dos seus materiais constituintes. *YBL Journal of Built Environment*, *6*(1), 63-85.
8. Ezeagu, C. A., & Agbo-Anike, O. J. (2020). Investigação Experimental Usando Software Especialista em Design para Produção de Concreto Leve com Serragem como Substituição Parcial para Agregados Finos. *Jornal Nigeriano de Engenharia*, *27*(2), 9- 16.
9. Mohammed, B. S., Abdullahi, M., & Hoong, C. K. (2014). Modelos estatísticos para betão contendo aparas de madeira como substituição parcial de finos agregado. *Materiais de construção*, *55*, 13-19.
10. Tiwari, A., Singh, S., & Nagar, R. (2016). Avaliação da viabilidade da substituição parcial do agregado fino para alcançar uma perspetiva de produção mais limpa no betão: A review. *Journal of Cleaner Production*, *135*, 490-507.

Lista de códigos :

- Directrizes recomendadas pela norma indiana para a conceção de misturas de betão, IS 10262 :2019.1ª Revisão, Gabinete de Normas Indianas
- Directrizes recomendadas pela norma indiana para o betão plano IS:456-200

Printed by Books on Demand GmbH, Norderstedt / Germany